AF643208

Ueber

Magnetismus.

Ein Vortrag

gehalten

im wissenschaftlichen Verein am 13. März 1852

von

W. Beetz.

Berlin, 1852.

Druck und Verlag von Georg Reimer.

Die Eigenschaften, welche die Natur den Körpern verliehen hat, sind von ihr auf eine höchst liberale Weise vertheilt worden. Ein jeder Körper hat seine Schwere erhalten, ein jeder die Fähigkeit, erwärmt, beleuchtet, electrisirt zu werden. Nur in einer Beziehung schien die Natur sich in einer Ausnahmemaſsregel gefallen zu haben; die Eigenschaft, magnetisch, oder auch nur irgend einem Einfluſs des Magnets unterworfen zu sein, schien das Vorrecht weniger Körper, bis die neueste Zeit, welche allen Ausnahmezuständen den Fehdehandschuh hingeworfen hat, auch die Einwirkung der magnetischen Kräfte auf alle Körper in Anspruch nahm.

Die älteren Naturbeschreiber kannten die Magnetkraft nur an einem Steine, einem Eisenerz, welches der ganzen Erscheinung von der Stadt, bei welcher es gefunden wurde, Magnesia, den Namen gegeben haben soll; wenigstens singt Lucrez:

> Einen Magnet, so nennt ihn der Grieche vom Namen der Heimath,
> Weil der Magnesier Land in seinen Gebirgen ihn zeugte.

Daſs das geheimniſsvolle Wirken des Magnets, sein Ziehen ohne sichtbare Verbindung, seine Kraftabgabe ohne Kraftverlust, schon in den frühsten Zeiten die sonderbarsten Fabeln über sein Wesen und Vermögen entstehen lieſsen, ist um so begreiflicher, als man bis auf den heutigen Tag nicht aufgehört hat, ähnliches zu glauben. Ich würde von den vielen unglaublichen Geschichten und merkwürdigen Ansichten älterer

Schriftsteller, welche der englische Arzt Gilbert in seinem Buche über den Magnet mitgetheilt hat, keine nacherzählen, wenn der Aberglaube von der Erde gänzlich verschwunden wäre. Aber sonderbar, der Aberglaube läſst sich durch Nichts tilgen, er läſst sich sogar seine alten Formen nicht nehmen, er überträgt sie nicht nur auf veränderte Zeiten, sondern auch auf veränderte Umstände. Es glaubt wohl jetzt Niemand mehr, daſs des Magnets anziehende Kraft den Männern ein Mittel biete, sich die Liebe ihrer Frauen zu sichern; seine abstoſsende aber, deren ungewünschte Liebhaber fernzuhalten; daſs man aus einem weiſsen Magnetsteine einen sehr wirksamen Liebestrank bereiten kann; daſs an der Indischen Küste Felsen von solcher magnetischer Kraft in das Meer ragen, daſs sie aus den vorüberfahrenden Schiffen die eisernen Nägel ziehen, so daſs man in jener Gegend hölzerne Nägel zum Zimmern der Schiffe verwenden müsse; wenigstens müssen diese Berge jetzt verschwunden sein, da sie sonst unsern eisernen Dampfboten einen unfreiwilligen Stationspunkt gewähren würden. Wenn aber Gilbert, ganz verlegen über das, was ihm als historischem Schriftsteller zu berichten obliegt, sagt: man habe sogar unüberlegter Weise behauptet, der Magnet befreie den, der ihn am Körper trage, von Schmerzen in den Füſsen, so hat er wohl nicht daran gedacht, daſs mehr als zweihundert Jahre später sein Urtheil irgend Jemanden in dieser Versammlung in seinem guten Glauben irre machen könnte, gewiſs hätte er sich sonst etwas zurückhaltender geäuſsert; denn warum sollte der Magnet nicht eine solche Wirkung haben, da doch Paracelsus vom Electrum, diesem, unter der Mitwirkung aller sieben Planeten erzeugten Gemische, erzählt, es habe solche Sympathie für den Menschen, daſs es, in die Hand genommen, vor groſsem Mitleid und Aengsten zu schwitzen anfängt, und den, der es als Ring trägt, nie keine Lähmung oder fallende Sucht nicht ankommen läſst.

Wie man die Kraft des häfslichen schwarzen Steins, wie man den Magnetstein genannt hat, auf Stahl und Eisen übertragen kann, würde man gewifs früher gelernt haben, wenn der wahre Unterschied zwischen Stahl und Eisen bekannt gewesen wäre. Man hielt aber Stahl für Nichts als gehärtetes Eisen, ohne zu wissen, dafs die beiden Körper ihre verschiedenen Eigenschaften einem verschiedenen Kohlengehalt verdanken. Ja, GILBERT, wiewohl er angiebt, dafs das gute ausgeglühte Eisen, welches man Stahl nenne, vom Magneten besser angezogen werde, und dessen Kraft besser annehme, theilt noch ein Recept der Chemiker zur Bereitung des Eisens mit, welches keine zu klare Einsicht in dessen chemische Beschaffenheit verräth. Es lautet: Wenn fester erdiger Schwefel mit festem erdigem Quecksilber gemischt wird, aber beide nicht rein, sondern von graulicher Farbe, so giebt das, wenn Schwefel im Ueberschufs vorhanden ist, Eisen. Wir sehen daher erst im Anfange des vorigen Jahrhunderts Stahlstäbe durch Bestreichen mit Magnetsteinen, oder schon dargestellten künstlichen Magneten in Magnetstäbe von gröfserer Tragkraft verwandeln, wenn auch kleinere, besonders Magnetnadeln, schon viel früher auf gleiche Weise erhalten waren. Gleichzeitig tritt das verschiedene Verhalten des Stahls und des Eisens gegen den Magnet schärfer hervor. Stahl, mit einem Magnet bestrichen, wird selbst Magnet, und bleibt es, auch wenn die Berührung mit dem Magnet aufgehört hat, Eisen nicht. Eisen, an einen Magnet gelegt, oder nur in dessen Nähe gebracht, wird selbst Magnet, aber nur so lange die Berührung oder Annäherung dauert; jedes Eisenstück, welches auf diese Weise am Magnet hängend selbst magnetisch geworden ist, kann wieder ein neues Eisenstück tragen, und so läfst sich durch einen Magneten eine ganze Kette unmagnetischer Eisenstücke heben, was zu den artigen Figuren Veranlassung giebt, welche Eisenfeiltheilchen zwischen den Polen eines Magnets bilden. Stahl ist dieser magnetischen

Leitung nicht fähig. Darum spricht sich Helena im Sommernachtstraum selbst ihr Urtheil:

Du ziehst mich an, hartherziger Magnet,
Doch ziehest Du nicht Eisen, denn mein Herz
Ist ächt wie Stahl; lafs ab mich anzuziehen,
So hab' ich Dir zu folgen keine Macht.

Denn das Herz, ächt wie Stahl, verliert nicht so leicht den Eindruck den es empfangen, wie das weiche Eisen den Einflufs des Magnets vergifst; es folgt auch, wenn es nicht mehr gezogen wird, die eigene Kraft treibt es zu folgen.

Während die anziehende Kraft des Magnets früher zu Nichts da war, als um sich darüber zu wundern, hatte eine andere Eigenschaft desselben ihn schon längst in die Praxis eingeführt: seine Richtkraft. Wenn man einen Stahlstab in seiner Mitte an einem Faden wagerecht schwebend aufhängt, und ihn dann durch Bestreichen magnetisirt, so nimmt er in doppeltem Sinne eine bestimmte Lage an. Sein eines Ende wendet sich gegen Norden, und verläfst zugleich die Höhe, in der es sich befunden hat. Auf unserer nördlichen Halbkugel senkt es sich, auf der südlichen erhebt es sich, und nur in der Aequatorialgegend behält es seine frühere Höhe. Der Magnet stellt sich um so steiler, je mehr man sich den Polen nähert. Wenn man aber der Richtung nach der Gegend des Nordpols, welche der Magnet andeutet, nachginge, so würde man nicht genau nach demselben gelangen, sondern bald rechts, bald links eine Strecke daneben vorübergehen, je nach dem Beobachtungspunkte, von welchem man ausgeht. Man sagt daher, die Nadel hat eine Abweichung von der wahren Nordrichtung, und diese Abweichung ist nicht nur an verschiedenen Orten der Erde eine verschiedene, sie hat sich auch an demselben Orte im Laufe der Jahrhunderte verändert, und ändert sich beständig durch die Jahres- und Tageszeiten, wenn auch in engen Gränzen. Die beiden Enden zweier Magnetstäbe, welche bei freier Aufhängung jedes einzelnen Stabes nach Norden gezeigt haben würden, drängen, wenn sie einander genähert werden, von einander fort, wie wenn jedes eifersüchtig wäre, das andere möchte sein Ziel früher erreichen, und so erreicht es keines. Dagegen neigt sich ein Nordende des einen gern gegen ein Südende des andern, beide beeinträchtigen sich nicht, denn ihre Wege gehen auseinander.

Die Richtkraft des Magnets führt den Schiffer im pfadlosen Meere, und führte ihn schon zu so früher Zeit und bei so verschiedenen Völkern, dafs es schwer ist, zu finden, wer dem Anderen diese Kunst, ohne welche kein Seefahrer die heimathliche Küste verlassen dürfte, abgelernt hat. Wenn man auch einen Florentiner, Flavio Gioja, so allgemein als den Erfinder

der Bussole,

Der zitternden Seele des Schiffes,

verherrlicht hat, dafs man ihm sogar in Amalfi eine Denksäule setzte, so führen viele Angaben auf weit frühere Zeit zurück. Ein altfranzösisches Gedicht von Guyot de Province, aus dem Jahre 1203, besingt den alten Compafs, bei dem freilich nicht, wie bei Gioja's, die Nadel auf einer Spitze schwebt. Sie liegt auf Strohhalmen, von denen, auf einer Wasserfläche getragen, sie mit der Spitze nach dem einzigen Stern, der unter den vielen bewegten ruhig am Himmel steht, dem Polarstern, weiset. An die Form des Schwimmers erinnert auch der italienische Name des Magnets, Calamita, welcher ursprünglich Frosch bedeutet.

Aber der Erfindungsgeist des Europäers beugt sich der altüberkommenen Weisheit des Chinesen. Man erzählt, dafs der Kaiser Hoang-ti, welcher 2300 Jahre vor unserer Zeitrechnung das himmlische Reich beherrschte, sich schon der magnetischen Wagen bedient habe, über welche aus dem zweiten Jahrhundert sichere Nachrichten vorliegen. Eine Figur, welche auf diesem Wagen stand, und mit dem Finger beständig nach Süden zeigte, führte die kaiserliche Equipage die Wege, welche man in der cultivirteren Sprache Landstrafsen genannt hat, die aber offenbar damals eben so schwer aufzufinden waren, wie jetzt die Seewege. Später haben die Chinesen dieses magnetische Werkzeug, denn das war es. offenbar, auch auf die Schiffahrt übertragen; sie kannten sogar seine Eigenschaft der Abweichung von der wahren Nordrichtung.

Die einseitige Ansicht, welche man aus diesen, ohne allen Zusammenhang mit anderen Naturerscheinungen dastehenden Eigenschaften des Magnets gewinnen konnte, boten dem Physiker noch nicht die hinreichenden Grundlagen zu deren Erklärung. Man suchte den Grund der magnetischen Richtkraft bald in der Erde, bald auf derselben, bald in den Sternen. Die Kraft des Bären übertrug sich auf den Magnetstein; im Innern der Erde lagen Kugeln, durch deren verschiedene Anziehung sich die Stellung der Magnetnadel änderte. Man dachte sich quer durch die Erde erst einen, dann zwei Magnetstäbe gelegt, deren Enden, Pole, in der Nähe des Nord- und des Südpols der Erde lagen, und welche, indem beide Nord- und beide Südpole zugleich zogen, der Nadel eine mittlere Stellung anwiesen. Im Norden wurden diese Pole auf den Polarexpeditionen sogar besucht; der Beobachter weifs, wann er über einem derselben steht, denn seine Magnetnadel, welcher er eine freie Bewegung von oben nach unten gestattet, stellt sich über diesen Punkten gerade senkrecht. Endlich nahm der berühmte Gauss an, die Nadelrichtung sei das Resultat der sämmtlichen anziehenden und abstofsenden Kräfte aller magnetisirten Theile der Erde, welche hiernach selbst als ein grofser Magnet zu betrachten ist. Wir werden später sehen, von welcher Annahme aus eine solche Vorstellung gerechtfertigt erscheint. Eine genaue Erforschung der Gesetze des Erdmagnetismus, der Veränderungen seiner Stärke, seiner ablenkenden und seiner neigenden Kraft an den verschiedenen Punkten der Erde ist die Aufgabe, welche durch das ausgedehnte Beobachtungsnetz gelöst werden soll, mit welchem in der jüngsten Zeit viele Theile der Erde, besonders auch Deutschlands, belegt worden sind.

Neben dem altersgrauen Bruder, dem Magnetismus, taucht ganz unerwartet aus dem Laboratorium des berühmtesten lebenden Physikers, FARADAY, aus welchem wir seit längerer Zeit alle grofse physikalische Neuigkeiten kommen zu sehen gewohnt sind, ein Nachgeborener hervor, der Diamagnetismus.

Wenn ein Eisenstab wagerecht schwebend zwischen den nach oben gerichteten Polen eines Hufeisenmagnets aufgehängt wird, so wendet er sich mit seinen beiden Enden nach den beiden Polen hin: er nimmt eine axiale Lage an. Wird der Eisenstab durch einen Wismuthstab ersetzt, so richtet sich derselbe quer gegen die vorige Stellung, seine beiden Enden entfernen sich so weit wie möglich von den Magnetpolen: er stellt sich aequatorial; und wie der Wismuthstab, so die meisten anderen Stoffe. Es sind also die Körper, welche man früher für völlig gleichgültig gegen den Magnet gehalten hat, keineswegs gleichgültig, aber sie unterscheiden sich in ihrem Verhalten gegen denselben wesentlich vom Eisen und den ihm ähnlichen Metallen, sie sind diamagnetisch, nicht eisenmagnetisch. Kein Körper entgeht nunmehr der Probe; ein jeder wird mit möglichster Beweglichkeit aufgehängt, und zwischen die Pole eines starken Magnets geführt; feste Körper als Stäbe, oder in Pulverform in kleine Schiffchen gebracht; Flüssigkeiten in dünne Glasröhren gefüllt, Luftarten in Röhren eingeschmelzt, oder auch während ihrer Verbrennung, in der Gestalt der Flamme. Alles zeigt sich mehr oder weniger empfindlich gegen den Magnet, bald in derselben Weise wie das Eisen, bald in der wie das Wismuth. Die diamagnetischen Körper müssen, wie das Eisen, die Fähigkeit besitzen, bei der Berührung oder Annäherung an einen Magnetpol eine polare Verschiedenheit ihrer beiden Enden eintreten zu lassen, aber nur in umgekehrter Weise. Während der Eisenstab an dem Ende, welches dem

Magnetpole nahe liegt, einen demselben befreundeten Pol annimmt, mufs das Wismuth einen feindlichen annehmen, und dann von dem Magnet abgestofsen werden, ähnlich wie ein Hollundermarkkügelchen, das man, an einem Faden aufgehängt, einem electrischen Körper nähert, ihm von seiner Electriticät etwas raubt, dann aber ihn sorgfältig flieht und jeder Verfolgung ausweicht, um sich den Raub nicht wieder entreifsen zu lassen.

Unter den Körpern, welche Faraday zu den diamagnetischen gezählt hat, begegnen wir manchen, die den Damen vielleicht schon aus anderen Verhältnissen bekannt sind: Zucker Stärke, Brod, Holz, Aepfel, Blut, Rindfleisch, und was Faraday als guter Engländer nicht vergessen durfte, getrocknetes Hammelfleisch. Schon aus diesen Versuchen wäre wohl ein Schlufs auf das Verhalten thierischer Körper überhaupt gegen den Magnet erlaubt. Es liegen aber sogar directe Versuche anderer Physiker vor, nach welchen ein Frosch, bis zur Bewegungslosigkeit gefesselt, und dann an einem Faden aufgehängt, sich aequatorial zwischen die Magnetpole einstellt. Und wie der vorläufige Schlufs vom Fleisch und Blut auf den Frosch sich bewährt hat, so ist nun wohl ein weiterer Schlufs zulässig, vom Frosch auf den Menschen. Ein Jeder von uns, sorgfältig gebunden, und zwischen den Polen eines kräftigen Magnets in wagerechter Schwebe aufgehängt, würde sich nicht mit Kopf und Füfsen den beiden Polen zuwenden, sondern eine Lage quer zwischen denselben annehmen. Sollte irgend eine meiner Zuhörerinnen den Sprung vom Frosch auf sich selbst für zu grofs halten, so kann ich zu meinem Troste sagen, dafs der grofse Faraday sogar direct vom Hammelfleisch auf den Menschen denselben Schlufs gemacht hat.

Es scheint, als ob andere Versuche den Diamagnetismus des menschlichen Körpers abläugneten, Versuche, welche ich freilich nicht mit den Namen physikalischer zu beehren wage.

Die Apparate nämlich, mit welchen diese von Wien aus bekannt gemachten Untersuchungen angestellt wurden, bestanden, neben grofsen Magneten, Electromagneten, Galvanometern, Krystallen, wie wir sie wohl anzuwenden gewohnt sind, aus Gräbern und nervösen Damen. Es kann durchaus nicht in meiner Absicht liegen, in einem physikalischen Vortrage auf die wunderbare Fertigkeit dieser Damen einzugehen, mit welcher sie an Magnetpolen sowohl, wie an frischzugeschütteten Gräbern grofse, vier Fufs hohe Lichtflammen sahen; mit welcher sie sich von einigen Körpern kühl, von anderen warm angehaucht fühlten, mit welcher sie durch eben diese Wärmewirkung Fixsterne von Planeten unterschieden, noch auch die Gefühle zu beschreiben, mit denen sie ihrem Beobachter die Hand reichten, oder ihre übrigen magnetisch genannten Tugenden, welche allerdings Alles übertreffen, was der Mesmerismus bis dahin Abenteuerliches aufgetischt hat. Aber einige Erscheinungen haben so unmittelbare Beziehung zur anziehenden oder richtenden Kraft des Magnetismus, dafs ich mich eines schnellen Blickes in dieselben nicht enthalten kann.

Die eine empfindsame Dame besafs die Eigenschaft, dafs ihre Hand lebhaft vom Magnet angezogen wurde. Man konnte mittelst des Magnets ihren ganzen Arm mit der Hand aufheben, sogar einem Glase magnetischen Wassers folgte die Hand. Nach Faraday's Versuchen ist eine solche Anziehung durchaus nicht zu vermuthen. Ein einfacher Gegenversuch liefs entscheiden, ob eine Täuschung vorlag. Er wurde auch angestellt, aber freilich nicht der Schlufs daraus gezogen, den er jedem Unbefangenen aufdringen mufste. An einem Wagebalken wurde ein Magnet aufgehängt und durch ein Gegengewicht balancirt. Als die Hand genähert wurde, ward sie wieder mit Kraft gegen den Magnet gezogen, aber, siehe da, der Magnet blieb ruhig an seinem Orte, die Zunge der Waage blieb unbeweglich. Diesem armen Fräulein ging es also mit ihrem

Magnet wie der Helena mit ihrem Demetrius, sie folgte nur, sie selbst war aber nicht anziehend. Solche Dinge erinnern nur zu sehr an Angélique Cottin, das electrische Mädchen, welche unter den Augen und nach dem Zeugnifs zweier französischen Aerzte so starke electrische Abstofsung zeigte, dafs sie nicht nur einen Leuchter mittelst eines Seidenfadens umwarf, sondern auch der Stuhl, auf den sie sich setzen wollte, durch drei starke Männer, welche ihn halten sollten, zerbrochen wurde.

Eine andere der Wiener Damen konnte eine Magnetnadel durch die Anziehungskraft ihres Fingers ablenken, es ergab sich aber nachher, dafs dieselbe nur bei der Berührung haften geblieben war, und der Versuch gelang daher nicht mehr, nachdem der Finger einige Abreibungen erfahren hatte.

Diese beiden Versuche würden also, da sie sich auf eine, wenigstens für den Unbefangenen hinreichend einfache Weise gelöst hatten, Nichts gegen die diamagnetische Natur des Menschen beweisen. Aber es fand sich sowohl bei diesen Damen, als bei einem übrigens gesunden Manne, dafs dieselben sich nur dann auf ihrem Lager wohl befanden, wenn sie in axialer Richtung lagen, und zwar mit dem Kopf nach Norden. Dies war so stark und so unwillkürlich den betreffenden Personen zur Natur geworden, dafs die eine Dame nicht über eine Minute aequatorial zu liegen vermochte, und der in der Regel mit dem Kopf nach Süden ruhende Mann nur dann eine Erquickung von seiner Nachtruhe empfand, wenn er ihr noch einen Morgenschlummer in umgekehrter Lage folgen liefs. Aus alle Dem läfst sich aber, selbst wenn nicht die geringste Täuschung vorliegt, nicht folgern, dafs der Mensch, freischwebend aufgehängt, sich axial stellen würde, sondern nur, dafs ihm in dieser Lage behaglicher ist, wenn er sie durch äufsere Mittel angenommen hat. Diese Folgerung ist aber von der ersten ganz unabhängig, denn Niemand kann beurtheilen, ob dem

Frosche seine aequatoriale Lage behaglich schien. Aufserdem aber ist es vielmehr im Wesen einer wissenschaftlichen Methode begründet, einen Schlufs von getrocknetem Hammelfleisch oder einem Frosch auf den Menschen als Gattung zu ziehen, als von einer sensiblen Dame, denn jene sind völlig unparteiisch bei ihren Angaben, bei diesen kann man sich gar zu viele nebensächliche Triebfedern denken, unter denen, im besten Falle, die Sucht, merkwürdig zu sein, nicht zu den geringsten gehört.

Die isolirte Stellung der magnetischen Erscheinungen wurde gehoben durch die erste jener unabsehbar wichtigen Reihe von Entdeckungen, welche die Electricität, den Magnetismus und die Wärme in den innigsten Zusammenhang gebracht haben. Das Jahr 1820 brachte nicht nur den Physikern, sondern der ganzen gebildeten Welt die überraschende Mittheilung von Oersted's Entdeckung, dafs ein galvanischer Strom, welcher in einem Leitungsdraht unter oder über einer Magnetnadel, und zwar in gleicher Richtung mit derselben hinläuft, die Nadel abzulenken und senkrecht gegen die Richtung des Leiters zu stellen strebt. Hierdurch wurde die Möglichkeit nicht nur zur Wahrnehmung, sondern auch zur Messung der Stärke galvanischer Ströme geboten, und die Frösche quakten dem Entdecker ihren Dank, weil er sie von der traurigen Pflicht, ihre Glieder dem Wifsbegierigen, wie dem Neugierigen zur Auffindung galvanischer Ströme zu opfern, entbunden hatte. Freilich ahnten die armen Wesen nicht, dafs die neue Wissenschaft Instrumente bieten würde, welche einen ganz vergessenen, ja verachteten Theil der Electricitätslehre, die thierische Electricität, zu neuem Leben auferwecken würde; aber ihrer Quäler waren doch jetzt Wenige, während nach Galvani's ersten Mittheilungen der sich als ungebildeten Menschen kundgab, welcher noch keinen Frosch galvanisirt hatte. Dreifsig Jahre später vereinigen wir Bewohner Berlins unsern Dank mit dem unserer kaltblütigen Mitgeschöpfe, weil dieselbe Kraft, in welcher sie den Schutz gegen die endliche Ausrottung ihres Geschlechtes erkannten, durch die geflügelten Nachrichten, auf denen wir rücksichtslos und unbewufst umhergehen, uns von dem unmelodischen Getön und Gestöhn des Feuerhorns, wenigstens zum Theil, befreit hat.

Der längst vermuthete, aber freilich in ganz äufserlichen Aehnlichkeiten gesuchte Zusammenhang zwischen Magnetismus und Electricität war sonach endlich gefunden, er wurde aber für die Wissenschaft, wie für das practische Leben erst recht nutzbar, als Ampère zeigte, dafs ein jeder Magnet als ein von electrischen Strömen umkreister Stab gedacht werden kann. Ein weicher Eisenstab, welchen man mit einem Kupferdrahte schraubenförmig umwindet, zeigt sogleich alle Eigenschaften eines Magnetstabes, sobald man den Strom einer galvanischen Batterie durch den Draht leitet. Ja, was noch auffallender ist, man kann sogar das Eisen, dieses Metall, dessen Namen man so schwer vom Begriffe des Magnetismus zu trennen weifs, ganz entbehren, der schraubenförmig gewundene Draht, welcher vom Strom durchflossen wird, zeigt schon allein alle Eigenschaften eines, freilich viel schwächeren Magnets; er richtet sich, frei schwebend aufgehängt, von Süden nach Norden, er wirkt anziehend und abstofsend auf den freundlichen und feindlichen Pol einer Magnetnadel, und verleiht jedem Körper, den er umschlingt, dieselben Eigenschaften, in verstärkendem Grade freilich nur denen, welche früher als eisenmagnetisch bezeichnet worden sind. Eine Umkehrung der Richtung, in welcher der galvanische Strom den Draht durchläuft, vertauscht dabei die Pole des magnetisirten Körpers, so dafs dasjenige Ende, welches zuvor nach Norden strebte, sich jetzt der Südrichtung zuwendet. Am eifrigsten construirte man die günstigste Form solcher Electromagnete, hufeisenförmig gebogene Eisenstäbe, welche von electrischen Drahtspiralen umgeben sind, vom krummgebogenen Eisendraht an, von dem man eine Tragkraft von wenigen Lothen als eine höchst wunderbare Neuigkeit anstaunte, bis zu den Colossen der neueren Industrie, deren Anker eine Last von hundert Menschen zu tragen vermag. Die ausgebreitete Anwendbarkeit dieser Electromagnete für technische Zwecke beruht nicht nur auf der grofsen Tragkraft, welche man ihnen geben kann, sondern vorzüglich darauf, dafs man die Erregung und Aufhebung des Magnetismus und die Umkehrung der Pole ganz in der Hand hat.

Die Ablenkung der Magnetnadel durch den galvanischen Strom und die Anziehung eines Eisenankers durch den Electromagnet sind die Bewegungen, auf welchen die gebräuchlichsten Telegraphensysteme beruhen. Je nach der Richtung, welche man dem Strom giebt, kann man die Nadel nach der einen oder der anderen Seite ablenken, und durch Wiederholung der beiden dadurch erhaltenen Zeichen, noch besser aber durch Zusammenstellung der Zeichen zweier solcher Nadeln, kann man ein Alphabet bilden, wie es die englischen Telegraphen benutzen.

Der Zeigertelegraph, wie er auf unseren Eisenbahnen angewendet wird, besteht aus einem Rade, das so viel Zähne hat, als man Buchstaben benutzen will, und das sich durch ein Gewicht gezogen, mit seiner Axe drehen möchte; es wird aber an seiner freien Bewegung gehindert, wenn man ein neben ihm stehendes Hufeisen von weichem Eisen durch einen galvanischen Strom zum Magnet macht, dadurch einen Anker anziehen, und in die Zähne der Räder greifen läfst. Unterbricht man den Strom wieder, der das Hufeisen magnetisch machte, so wird der Anker durch eine Feder losgedrückt, und erlaubt dem Rade, sich um einen Zahn weiter zu bewegen. Es bleibt hierbei ganz gleichgültig, wie weit die Quelle der galvanischen Kraft vom Orte, wo der Telegraph aufgestellt ist, entfernt ist; nur die Gröfse der Kraft, mit welcher man arbeiten mufs, wird durch diese Entfernung bedingt. Steht nun der Zeiger, welcher sich mit der Axe des Rades herum bewegt, auf *A*, und man unterbricht auf der Station, von welcher aus telegraphirt werden soll, den Strom vier Mal, und schliefst ihn ebenso oft wieder, so geht das Rad um vier Zähne und der Zeiger um vier Buchstaben weiter, er zeigt also *E*.

Man könnte dieses Unterbrechen und Schliefsen einfach mit der Hand bewerkstelligen, aber dabei würde man leicht in unverbesserliche Fehler verfallen. Wenn man den Zeiger einmal aus Versehen um einen Schritt zu weit hat springen lassen, und nun von da aus weiter buchstabirt, so stehen alle folgende Buchstaben einen Schritt zu weit, *N* statt *M*, *T* statt *S*. Dies vermeidet man, indem das Unterbrechen und Schliefsen durch irgend eine Vorrichtung geschieht, an welcher wiederum ein Zeiger mit herumgeht, der immer denselben Buchstaben zeigt, wie der auf der anderen Station. Am elegantesten und schnellsten geht dies bei denjenigen Telegraphen vor sich, welche neuerdings in unseren Staatsdienst eingetreten sind. Bei ihnen ist dem galvanischen Strom selbst die Aufgabe gestellt, sich zu öffnen, und dadurch dafs er sich öffnet, sich wieder zu schliefsen. So sonderbar dieses Problem klingt, so leicht ist es zu lösen. Man braucht nur den Leitungsdraht um einen Eisenstab zu führen, der durch den Strom wieder zum Magneten wird, und indem er seinen Anker anzieht, ein anderes Stück des Leitungsdrahtes mit in die Höhe nimmt, so dafs an dieser Stelle die Schliefsung unterbrochen ist. Die Folge davon ist, dafs der Stab seinen Magnetismus verliert, den Anker mit dem Draht wieder fallen läfst, und folglich den Strom wieder schliefst. Mit einer solchen Vorrichtung laufen dann beide Telegraphenzeiger durch das stets einander folgende Oeffnen und Schliefsen des Stroms ununterbrochen fort, bis ihnen an dem Buchstaben halt geboten wird, auf welchen sie zeigen sollen.

Alle diese Telegrapheneinrichtungen verlangen einen aufmerksamen und zuverlässigen Beobachter, der die Depesche, welche ihm die Nadeln oder der Zeiger gebracht, niederschreibt. Dieser Anspruch ist zwar so gering, daſs ihn in England oft durch zwölfjährige Knaben genügt wird. Indeſs gewährt ein Aufzeichnen der Depesche durch den Apparat selbst eine ungleich gröſsere Sicherheit, und diese bietet der amerikanische, bei uns noch ziemlich allgemein im Staatsdienste gebrauchte, Apparat. In ihm wird wieder, wie vorher, durch Oeffnen und Schlieſsen eines Stromes auf der einen Station, durch Magnetisiren und Entmagnetisiren eines Eisenstabes auf der anderen, ein Anker gehoben und niedergedrückt. Eine an ihm befestigte Spitze schlägt jedesmal auf einen unter ihr weggleitenden Papierstreifen, auf dem sie einen Punkt hinterläſst, wenn man sie schnell wieder durch Oeffnen des Stromes erhebt, einen Strich, wenn sie längere Zeit darauf ruht. Aus diesen Punkten und Strichen ist wieder ein Alphabet gebildet, das dann nur in die gewöhnliche Schrift übertragen zu werden braucht.

Aber nicht genug, die Depesche soll auch ohne weitere Kenntniſs der Telegraphensprache dem Laien leserlich sein, sie soll von Typen gedruckt werden, wie sie im Buchdrucke gebräuchlich sind; und das ist möglich, weil ein Eisenstab den stärksten Magnetismus, dessen er fähig ist, nicht gleich in den Augenblick erlangt, in welchem der ihn umgebende Strom geschlossen wird. Ist daher statt des Zeigers in dem vorher beschriebenen Zeigertelegraphen eine Kreisscheibe auf die Axe gesetzt, welche vom Mittelpunkte aus in so viele Streifen zerschnitten ist, als man Buchstaben benutzen will, so dreht sich beim fortgesetzten Oeffnen und Schlieſsen des Stromes die ganze Scheibe herum. Jeder Streifen tritt nach der Reihe über ein Ende eines Hebels, dessen anderes Ende über einem Magnet als Anker schwebt. So lange sich die Oeffnungen und Schlieſsungen des Stromes rasch folgen, möchte dieser Anker gern an den Magnet hinan gehen, es gelingt ihm aber nicht, weil die ziehende Kraft zu gering ist. Erlaubt man aber dem Strome längere Zeit in der den Electromagnet umgebenden Spirale zu verweilen, so gelangt der Anker wirklich an den Magnet, das andere Hebelende schlägt den, gerade über ihm befindlichen Streifen in die Höhe, und druckt die daran angebrachte und schon zuvor durch eine Walze mit Druckerschwärze bestrichene Type gegen einen Papierstreifen, der sich darauf um eine Buchstabenbreite verschiebt, und geduldig so lange wartet, bis wieder eine Type ihren Abdruck neben den ersten setzen will.

Es scheint fast, als könnte man von einem Telegraphen nicht mehr verlangen, als dafs man seine lakonischen Nachrichten mit derselben Bequemlichkeit lesen könne, mit der man sie am anderen Morgen aus der Zeitung erfährt. Aber es könnte ein Bürger von Washington in einen Prozefs verwickelt sein, welcher so eben vor dem Gericht in Philadelphia verhandelt wird. Sein Mandatar braucht noch während der Sitzung eine Handschrift seines Mandanten. Er ruft ihn durch den Telegraphen an das Telergaphenbüreau zu Washington, wo die gewünschte Handschrift mit einer die Electricität nicht leitenden Lacktinte auf ein leitendes Papier geschrieben wird. Der Beamte rollt das Papier um eine metallene Walze, welche sogleich anfängt sich um ihre Axe zu drehen und dabei gleichzeitig in der Richtung der Axe verschoben zu werden, so dafs eine Metallspitze, welche gegen die Walze gedrückt wird, in engen Wendungen einen Schraubengang um dieselbe beschreibt. Der Strom der Batterie, welcher einerseits in die Axe der Walze, andererseits in die Spitze geleitet ist, unterbricht sich, so oft die Spitze über einen der isolirenden Schriftzüge hinweggleitet, bleibt aber geschlossen, wenn sie auf die Metallfläche drückt. In Philadelphia befindet sich eine ganz ähnliche Vorrichtung in Bewegung, die Walze ist aber von einem Papier umgeben, ähnlich dem, auf welchem die photographischen Bilder hergestellt werden. Wenn solches Papier der Wirkung des galvanischen Stromes ausgesetzt wird, so schwärzt es sich. Geht nun hier wieder die Metallspitze in engen Schraubengängen um die Walze, so wird das Papier in der That geschwärzt, wenn in demselben Augenblick die Spitze in Washington den Strom geschlossen hat. Geht dieselbe aber gerade über einen isolirenden Zug, so bleibt die entsprechende Stelle des Papiers in Philadelphia weifs, und das Gericht erhält in kurzer Zeit die Handschrift, wenn nicht schwarz auf weifs, so doch weifs auf schwarz.

Sollte bei irgend einem telegraphischen Apparate die Kraft des Stromes nicht hinreichen, um das ganze Werk in Bewegung zu setzen, so kann auf einer Zwischenstation Relais genommen werden. Der Strom hat dann nichts zu thun, als auf dieser Zwischenstation ein Hufeisen magnetisch zu machen, und dadurch einen Anker anzuziehen, der bei jeder folgenden Stromunterbrechung durch eine Feder losgedrückt wird. Diese Bewegung schliefst und öffnet eine zweite auf der Zwischenstation stehende Säule, die nun Kraft genug hat, um die Telegraphen der Endstation zu lenken.

Die Geschwindigkeit, mit welcher die electrischen Telegraphen ein Zeichen, das ihnen in der Ferne aufgegeben ist, wiederholen, ist in neuerer Zeit mehr, als man früher geglaubt hatte, fraglich geworden; denn während die älteren, mit der Leyden'schen Flasche unternommenen Messungen vermuthen liefsen, dafs die Electricität über 60000 Meilen in der Secunde zurücklege, ist das geringste Ergebnifs, welches die amerikanischen Versuche für die Geschwindigkeit der galvanischen Electricität geliefert haben, nur wenig über 3000 Meilen. Der leitende Gedanke eines solchen Versuches ist leicht zu fassen. Wenn ich auf zwei Stationen zwei amerikanische Zeichendruckapparate von der vorher beschriebenen Form aufstelle, und einen Strom schliefse, der beide durchläuft, so drucken die Stifte auf beiden Stationen in demselben Augenblick ihre Punkte auf die uutergelegten Papierstreifen, falls die Electricität gar keine Zeit braucht, um von einem Apparat zum anderen zu gelangen. Wird die Spitze auf der zweiten Station nicht gebraucht, um ein Zeichen zu drucken, sondern um wieder einen Strom zu schliefsen, welcher einen zweiten Telegraphenapparat auf der ersten Station in Bewegung setzt, so wird hier ein dritter Punkt gedruckt, und zwar immer noch gleichzeitig mit dem ersten, wenn die Electricität keine Zeit zu ihrem Wege gebraucht. Die Versuche ergeben aber, dafs der dritte Punkt später gedruckt wird, als der erste, die zwischen beiden Schlägen der Anker vergangene Zeit mufs also zu dem Hin- und Rückwege des galvanischen Stromes zwischen den beiden Stationen ver braucht sein. Nimmt man aber auch die so gefundene kleine, und vielleicht zu kleine Geschwindigkeit als die richtige an, so reicht sie doch vollkommen aus, um Jemandem, der eben eine Kanone hat abblitzen sehen, anzuzeigen, dafs er sogleich von der unterwegs befindlichen Kugel wird getroffen werden.

So geneigt sich die electrischen und magnetischen Kräfte haben finden lassen, unsere Nachrichten in die Ferne zu tragen, so ungefällig zeigen sie sich der Anforderung gegenüber, Lasten zu befördern. Unsere Eisenbahnen bevölkern sich immer noch nicht mit electromagnetischen Locomotiven, weder durch die Versprechungen des deutschen Bundes, noch durch die Preise, welche der Neffe ausgeschrieben hat, um dem Onkel mit galvanoplastischer Treue ähnlich zu sein.

An Versuchen, derartige Maschinen herzustellen, hat es nicht gefehlt, und es ist nicht schwer zu fassen, wie

der Magnete Hassen und Lieben

solche Bewegung schafft. Wenn ein drehbarer hufeisenförmiger Electromagnet einem zweiten feststehenden so gegenüber gestellt ist, dafs die beiden feindlichen Pole beiderseits über einander stehen, so stofsen sich dieselben ab, und der drehbare

Magnet bewegt sich, bis die freundlichen Pole einander gegenüberstehen. Kehrt man in diesem Augenblick die Richtung des Stromes in einer der beiden schraubenförmigen Drahtleitungen um, so sind die alten Feindseligkeiten wieder eröffnet und der Magnet fährt fort sich zu drehen. Diese Drehung könnte dann zur Fortbewegung einer Locomotive oder zum Betriebe einer Fabrik benutzt werden, wenn die grofsen Maschinen in demselben Verhältnisse ihre Kraft entwickelten, wie die zierlichen Modelle, welche unsere physikalischen Cabinette zur Erläuterung solcher Vorrichtungen aufzuweisen haben.

Etwas nutzbarer hat sich in der neuesten Zeit ein anderes Princip erwiesen. Denken wir uns einen hohlen Stahlcylinder magnetisirt, oder statt dessen einen hohlen Eisencylinder zum Electromagnet gemacht, so wird derselbe einen anderen Magnetstab in sich hineinziehen, so dafs die freundlichen Pole jetzt einander genähert sind. Dieselbe Erscheinung mufs auch an blofsen galvanischen Spiralen ohne Eisenkern zu beobachten sein, und läfst sich hier in eine höchst interessante Gestalt bringen. Legt man eine Magnetnadel auf den Boden einer wagerecht liegenden Drahtspirale, und schliefst durch dieselbe einen starken galvanischen Strom, so springt die Nadel auf und hält sich in der Axe der Spirale ohne alle Befestigung schwebend. Barlow, der diesen Versuch beschreibt, erinnert dabei an den Baumeister Dinochares, von welchem Plinius erzählt, er habe in Alexandria einen Tempel erbauen und in dessen Mitte seine eigene eiserne Statue in der Luft schwebend anbringen wollen; nicht ein Standbild, sondern ein Schwebebild. Barlow hätte auch der bekannteren Fabel vom Grabmal des Mohamed gedenken können, welches ebenfalls von grofsen Magneten gehalten frei in der Luft schweben soll.

Dieses Princip des Einziehens von Magnetstäben durch galvanische Spiralen ist nun zur Herstellung von Maschinen benutzt, indem ein Eisenstab nach der Reihe von einer Anzahl hintereinander liegender Spiralen eingezogen, und sogleich an die folgende abgeliefert wird. Eine Umkehrung der Stromrichtung führt den Eisenstab wieder zurück, und die so erhaltene hin- und hergehende Bewegung wird durch die, an jedem Spinnrade sichtbare Vorrichtung einer Kurbel in eine drehende verwandelt. Die hierbei angewandten Spiralen waren so kräftig, dafs eine jede einen 300 Pfund schweren Eisenstab aus einer Entfernung von zehn Zollen gerade aufwärts in sich hineinzog; der Funke, welcher sich bei der Unterbrechung des angewandten galvanischen Stromes zeigte, konnte bis zu einer Länge von acht Zollen ausgedehnt werden. Er brachte einen Knall hervor, ähnlich dem eines Pistolenschusses.

Sie fragen, weshalb man denn durch alle Zwangsmittel, selbst durch Preise die Locomotiven von ihren Schienen, die Dampfmaschinen aus ihren Kammern verdrängen will? Weil die Dampfmaschine bei aller Regelmäfsigkeit ihres Lebenswandels doch aufserordentliche Verschwendung treibt. Nur ein geringer Theil der Hitze, welche das Brennmaterial entwickelt, wird nutzbar gemacht, der bei weitem gröfsere verliert sich durch den Schornstein. Man hat einen Vergleich gemacht zwischen der Kraft, welche die drei Bewegungsvorrichtungen, die Dampfmaschine, die electromagnetische Maschine und das Pferd erzeugen, und der, welche sie erzeugen sollten. Den Ausgangspunkt dieses Vergleichs bildet die Wärmemenge, welche in allen drei Apparaten erzeugt und verbraucht wird. In der galvanischen Säule, welche die magnetische Maschine bewegt, wird Zink aufgelöst, und dadurch Wärme erzeugt. In der Dampfmaschine werden Kohlen verbrannt, und dadurch Wärme erzeugt. Im Pferde werden Nahrungsstoffe verathmet, und dadurch Wärme erzeugt. Die hervorgebrachte Kraft soll bei allen Maschinen gleich sein, wenn eine gleiche Wärmemenge erregt ist, aber bei allen geht Wärme auf Nebenwegen verloren, und wenn man den vorhandenen Messungen, deren Resultate freilich nur sehr annähernd und aufserdem nur für bestimmte Fälle gültig sein können, glauben darf, so liefert die magnetische Maschine für den practischen Verbrauch $\frac{4}{5}$ des berechneten Effectes, die Dampfmaschine $\frac{1}{10}$ und das Pferd $\frac{1}{4}$. Das Pferd würde also immer noch ein vortheilhafterer Apparat sein, als die vollständigste Maschine, welche der Menschengeist erdacht hat, wenn nicht viele andere Rücksichten es hinter derselben zurückstehen liefsen.

Wie nun in allen diesen electromagnetischen Apparaten der Kreislauf der Ströme dieselbe Wirkung hervorbringt, welche ein Magnet erzeugen würde, so müssen umgekehrt durch jeden Magnet galvanische Ströme ins Leben gerufen werden können. Wenn man einen von einem galvanischen Strom durchflossenen Leitungsdraht einem von ihm ganz unabhängigen, in sich geschlossenen Drahte nähert, so entsteht in dem letzteren abermals ein galvanischer Strom, der aber nur so lange dauert, als die annähernde Bewegung stattfindet. Entfernt man den ersten Leitungsdraht wieder, so erzeugt sich während der Dauer der entfernenden Bewegung ebenfalls ein Strom in dem geschlossenen Leiter. Diese Ströme, deren Entdeckung wir wiederum Faraday verdanken, sind von ihm Iuductionsströme genannt worden. Würde man sowohl den Draht, welcher den galvanischen Strom zuerst geleitet hat, als den in sich geschlossenen Draht, in welchem sich die Inductionsströme erzeugten, durch spiralförmig gewundene Drahtmassen ersetzen, so würde sich die inducirende Wirkung von jeder einzelnen Windung des einen Drahtes auf jede einzelne des anderen übertragen; man würde also eine sehr verstärkte Wirkung erlangen, wenn man eine, den galvanischen Strom schliefsende Drahtspirale in eine andere Drahtrolle hineinschöbe, und wieder herauszöge. Die innere Drahtspirale liefse sich ferner durch einen Stahlmagneten ersetzen, die Wirkung wird ganz dieselbe sein, wenn man einen Stahlstab abwechselnd in die äufsere, also jetzt die einzige, Drahtrolle hineinsteckt, und wieder herauszieht; ja, wenn wir uns erinnern, dafs ein weicher Eisenstab durch blofses Anlegen an den Pol eines Magnetstabes selbst zum Magnet wird, so läfst sich der Versuch noch einfacher darstellen: Die äufsere Drahtrolle wird von vorn herein um einen Eisenstab gewunden, der nun abwechselnd an den Pol eines Magnets angelegt, und wieder von demselben losgerissen wird. Während jeder dieser beiden Bewegungen entstehen in der Drahtrolle solche Inductionsströme, die nun, nach der Quelle, der sie ihre Entstehung verdanken, magnetoelectrische Ströme genannt werden. Man kann dieselben statt der gewöhnlichen galvanischen Ströme anwenden, und hat dabei den Vortheil der gröfseren Sauberkeit der Apparate. Ein Telegraph würde dann eine magnetoelectromagnetische Vorrichtung sein. Am gewöhnlichsten aber begegnen wir den magnetoelectrischen Strömen in anderen Sphären. Wer zum ersten Male in seinem Leben den eignen Körper zur Schliefsung eines kräftigen Inductionsstromes herleiht, ohne von dessen Wirken unterrichtet zu sein, dürfte glauben, er sei mit Uebergehung der niederen Grade sogleich auf die höchste Stufe der Tortur gelangt. Der alte galvanische Versuch, der unser Mitleid für die Frösche in Anspruch genommen hat, wiederholt sich bei zweckmäfsig eingerichteten Apparaten hunderte von Malen in einer Secunde an uns selber. Er wird dadurch um so boshafter, als wir Nichts zur Beendigung unserer Qual zu thun brauchten, als die Hände von dem Handhaben, mittelst deren die Stromschliefsung geschieht, fortzunehmen, aber die krampfhafte Zusammenziehung unserer Handmuskeln läfst uns dieselben unwillkürlich immer fester fassen. Manche Aerzte freilich belehren uns, dies sei keine Tortur, sondern ein Heilmittel, welches in denjenigen Fällen noch wirksam sei, in welchen andere galvanische Apparate, denen Nichts fehlt, als der Galvanismus, allen Empfehlungen zum Trotz ohne Erfolg geblieben sind. Leider hat Gilbert über diese Heilmethoden noch nichts gesagt. Alles was an Electricität und Magnetismus erinnert, hat immer das Schicksal gehabt, zum Sclaven der Medicin geprefst zu werden, aber es weigert sich dessen. Nicht nur, dafs man jenes unbekannte, bis zum Grauenhaften geheimnifsvolle Etwas, das aus Nervenreiz und Betrügerei gemengt ist, mit dem Namen Magnetismus belegt hat, man erkennt jetzt in der Hauptstadt des intelligenten Preufsenlandes auch Krankheiten durch galvanische Mefsapparate; die Magnetnadel soll gleich einer Wünschelruthe verborgene Krankheitszustände, welche sich noch durch kein Krankheitszeichen verrathen, aufdecken.

So wie die magnetoelectrischen Maschinen einen Beweis liefern, dafs man sich statt jedes Magnetstabes einen von electrischen Strömen umgebenen Körper denken kann, so kann man diese Vorstellung auch auf den Erdkörper selbst übertragen. Man kann sogar Vermuthungen hegen über die Quelle der Ströme, welche den Erdball umgeben. Man findet sie in der Einwirkung der Sonnenwärme auf die verschiedenen Theile der Erde. Der Berliner Academiker Seebeck stellte an die Seite von Oersted's Entdeckung die, dafs in zwei Metallen, welche sich mit ihren beiden Enden berühren, ein electrischer Strom erzeugt wird, wenn die eine Berührungsstelle einer anderen Temperatur ausgesetzt wird als die andere. Durch eine passende Wahl der Metalle und oftmalige Wiederholung der Verbindung läfst sich die Einwirkung dieser thermoelectrischen Ströme auf einen Magnet so sichtbar machen, dafs z. B. Nobili auf fünfundzwanzig Schritt die Annäherung eines Menschen durch dessen Wärmeausstrahlung erkennen konnte, und dafs man in neuerer Zeit sogar die geringen Spuren von Wärme, welche der Mond aussendet, wahrgenommen hat, so dafs auch bei seinen Beobachtungen über die kühlende Beschaffenheit dieses Trabanten der Baron von Münchhausen der Wahrheit nicht ganz treu geblieben ist. Die Erregung thermoelectrischer

Ströme ist nicht nur durch Metalle, sondern auch in geringerem Grade durch feuchte und erdige Körper möglich. Fände die Sonne auf ihrem scheinbaren Wege um die Erde einen Ring regelmäſsig angeordneter Substanzen vor, welche bei ihrer Erwärmung diese Electricität erregen, so würden alle Magnetnadeln auf der ganzen Erde nach einem bestimmten Punkte, dem Pole der Erdbahn, zeigen. Aber die Regelmäſsigkeit des Ringes fehlt, und die Stromerregung ist von vielen Nebenumständen abhängig, daher die Unregelmäſsigkeit und Veränderlichkeit der Nadelstellungen. Daſs man durch diese tellurischen Ströme, wie durch galvanische, einen Eisenstab zum Magnet machen kann, ist eine der ältesten magnetischen Erfahrungen; jeder Eisenstab, in die geneigte Lage gebracht, welche eine freischwebende Magnetnadel einnimmt, und dann erschüttert, wird vorübergehend zum Magnet; Stahl in derselben Lage behält wieder den angenommenen Magnetismus, und es ist eine interessante Erscheinung, daſs die Erde selbst durch ein nach diesem Princip magnetisirtes Kirchthurmkreuz den Magnet geliefert hat, mit welchem die ersten kräftigen Stahlmagnete dargestellt wurden.

Zuweilen werden die Nadeln an allen Beobachtungspunkten zugleich absonderlich unruhig, sie geben eine ungewöhnliche Stärke und Richtungsveränderung der umkreisenden Ströme, des Erdmagnetismus, an. Dann weiſs der Beobachter in Neapel, daſs sein College am Nordcap eben eine der prächtigsten Naturerscheinungen beobachtet, das Nordlicht. Das Nordlicht, von dem wir nur zuweilen einige schwache Exemplare zu Gesicht bekommen, erscheint in höheren Breiten zuerst als ein heller, farbloser Fleck, in Form eines Kreisabschnittes, dessen Licht ruhig und nicht so stark wie das des Vollmondes ist. Dann schieſsen von Zeit zu Zeit aus dem hellen Fleck unruhige und helle Strahlenbündel von unten nach oben, die als bewegliche Säulen vom Winde hin- und hergeweht zu werden scheinen. Diese Säulen bilden scheinbar eine Krone, sie laufen nach einem Punkte hin zusammen. Ihre Farbe geht durch gelb in verschiedene Schattirungen des Roth. Nach kurzer Zeit verschwinden die Strahlen, der Himmel bleibt noch von röthlichen Flocken bedeckt, und mit dem blafsleuchtenden Fleck schliefst wieder das merkwürdige Schauspiel. Das Nordlicht, sagt Maupertuis, scheint die des beständigen Tages gewohnte Erde für die Abwesenheit der Sonne, die sich von ihr wendet, entschädigen zu wollen. Die Erscheinung ist, wie aus ihrer Einwirkung auf die Magnetnadeln hervorgeht, entschieden eine magnetische, und damit fallen alle die alten Vorstellungen, die man von ihr hatte, als werde sie durch entzündliche Dünste, die sich in der Nähe des Nordpols sammeln, oder durch Lichtbrechung in den, in der nördlichen Atmosphäre häufigen Eiskrystallen, oder durch einen Lichtschein des Eises selbst hervorgebracht. Dazu kommt noch, dafs, wenn man die Richtung eines freischwebenden Magnetstabes nach oben verlängert, man gerade auf den Punkt des Himmelsgewölbes trifft, in welchem sich die Strahlen der Krone zu treffen scheinen. Scheinen, denn in Wahrheit laufen dieselben wohl in gleicher Richtung mit einander und mit der Magnetnadel, und machen den Eindruck auf unser Auge, als träfen sie sich; gerade wie die beiden eine Chaussée einfassenden Baumreihen zusammenzulaufen scheinen. An jedem anderen Orte der Erde sieht man daher einen anderen Punkt des Firmaments als Gipfel der Krone an. Das ganze Phaenomen erinnert an ein anderes, das wir mittelst unserer galvanischen Säulen zu erzeugen vermögen, mit dem es aber doch nicht als gleichartig angesehen werden kann. Dies ist der Lichtbogen, welcher sich zwischen den Polenden einer kräftigen Batterie bildet, wenn man dieselben zuerst miteinander berührt, und dann langsam von einander trennt. Dieser Bogen, der sich am besten erzeugt, wenn die Polenden mit Spitzen von harter Kohle bewaffnet sind, wirkt ebenfalls ablenkend auf die Magnetnadel, und kann durch einen angenäherten Magnet selbst aus seiner Richtung gebracht werden, ein Experiment, welches man auch mit jedem zusammenhängenden Leitungsdraht machen kann; im Gegensatz zu diesem ist dann der Lichtbogen ein unzusammenhängender Leiter zu nennen, gebildet aus Kohlentheilchen, welche von einer Spitze zur anderen hinübergerissen werden, und sich dabei bis zum Glühen erhitzen. Man hat diese prachtvolle Erscheinung zur Beleuchtung benutzt, aber immer noch nicht mit dem Erfolge, dafs man dadurch die alten Beleuchtungsmethoden verdrängen könnte. Das Licht einer hinreichend starken Batterie kann vielleicht hundert Gasflammen ersetzen, aber man kann ihm noch immer nicht mit völliger Zuverlässigkeit die Eigenthümlichkeit abgewöhnen, plötzlich zu erlöschen, und ein solches Erlöschen wäre dann so schlimm, wie das von hundert unserer Gasflammen. Wie unangenehm ein solcher Unfall ist, wird vielleicht auch manches derjenigen Theater erfahren haben, welche durch Herstellung prachtvoller Sonnen den unumstöfslichen Beweis liefern wollen, dafs Musik garnicht das Haupterfordernifs einer schönen Oper sei.

Aber ich gerathe auf Abwege, und vergesse darüber das Haupterfordernifs eines Vortrages im wissenschaftlichen Verein: Kürze.

Bei *Georg Reimer* in Berlin ist erschienen:

Ueber Elektricität.

Eine im wissenschaftlichen Verein gehaltene Vorlesung
von
H. W. Dove.
Geh. 7½ Sgr.

Ueber Wirkungen aus der Ferne.

Eine im wissenschaftlichen Verein gehaltene Vorlesung
von
H. W. Dove.
Geh. 7½ Sgr.

Ueber Erdbeben und Vulkane.

Ein Vortrag gehalten im wissenschaftlichen Verein
von
H. Girard.
Mit 1 Tafel. Geh. 7½ Sgr.

Ein Blick in das Nil-Quellland.

Ein Vortrag im wissenschaftlichen Verein
von
C. Ritter.
Mit einer Karte des obern Nil-Landes und des östlichen Mittel-Afrika.
Geh. 22½ Sgr.

Der Jordan und die Beschiffung des Todten Meeres.

Ein Vortrag im wissenschaftlichen Verein
von
C. Ritter.
Mit einer Kartenskizze.
Geh. 10 Sgr.

Ueber thierische Bewegung.

Rede gehalten im Verein für wissenschaftliche Vorträge
von
E. du Bois-Reymond.
Geh. 6 Sgr.

FSC
www.fsc.org
MIX
Papier | Fördert gute Waldnutzung
FSC® C083411

Zeitfracht Medien GmbH
Ferdinand-Jühlke-Straße 7
99095 Erfurt, Deutschland
produktsicherheit@kolibri360.de